JN140756

未来の・・・

小田 喜代重

東京図書出版

はじめに

私、小田喜代重は、1957（昭和32）年11月15日に徳島県徳島市で生まれ、1978（昭和53）年３月に国立阿南工業高等専門学校電気工学科を卒業し、同年10月に国土交通省四国運輸局香川運輸支局（当時は運輸省高松陸運局香川県陸運事務所）に採用され、2018（平成30）年３月31日に60歳の定年により、退職しました。

最終の職種は国土交通省四国運輸局徳島運輸支局、検査・整備・保安部門首席陸運技術専門官です。

私は、物理について書かれた本をよく読みました。SFを除いたそれらの本では速度について、光の速度が絶対速度（ワープは出来ない）として考えられていました。

しかし私は、アインシュタインが導き出した$E=mc^2$から絶対速度は光の速度ではなく、「光の速度の二乗」ではないかと考えました。

E：物質のエネルギー
m：質量
c：光の速度

また、次式で示すエネルギー保存の法則に疑問を持ちました。

$$mgh = \frac{1}{2} mv^2、\quad g = \frac{h}{t^2}$$ （g は重力加速度）

疑問とは、

1．なぜ、左辺の m と右辺の m は同じなのに消去していないか？

2．この式を $t=$ で表すとⒶ式となり、$\sqrt{2}$ という定数が現れ、

$$t = \frac{h}{v}\sqrt{2} \qquad \cdots\cdots Ⓐ式$$

となることです。

私は、ただ単に「絶対速度は光の速度の二乗ですよ」だけでは、説得力に欠け、みなさんを導くことは出来ないと考え、考察した結果、時間と質量の関係等を考えました（$\sqrt{2}$ は質量が関係していると考えました）。

私は「趣味は何ですか」と聞かれたら、「いろいろありますが、その中で一つ挙げるなら『物理』」と答えることができるようになったと思います。

それから「物理」と言えば難しいイメージしかないかもしれませんが、実は予想以上に簡単でおもしろいものなのです。

それゆえ、その趣味を生かし、みなさんの役に立つような本を残そうと考えたのです。

この本の設定として、私は「A高等専門学校（以下『A高専』という）の准教授として、相対性理論等について学生たちに教えていく」という内容にしています。

また、この本は難しい漢字、数式等を控えています（私のレベルが低いのかな〈笑〉）。読者のみなさんも、このA高専の学生になったつもりで読んでいただけたらと思います。

そして、ここでの登場人物ですが、私「小田准教授」とA高専の「青野教授」、男子学生である「遠藤」「和夫」「中川」「西岡」と女子学生「大島」「小鳳（中国人でみんなからコホウと呼ばれている）」「西本」、それから私の「妻」と「息子」です。

なお、ここに登場する人物は実在する人物に関係なく、架空の名称であります。ご了承願います。

それでは、新しい未来の始まりです。

目 次

1. 自己紹介

え〜、みなさん、こんにちは。

私は今年度いっぱいで定年退職するＡ高専総合学科の准教授、小田喜代重です。

私は、アインシュタインが考えた相対性理論の矛盾に早くから気が付いていました。

どんな矛盾かというと、光より速い速度は無いと仮定しているのに $E=mc^2$ と c（光の速度）の二乗の項が存在していることです。

また、近い将来、実装されるであろう自動車の自動運転、時間と質量の関係等も考えていきますので、よろしくお願いします。

それでは、自己紹介をみなさんにしてもらうわけですが、宇宙に関してどういう考えを持っているかを述べながら、自己紹介して下さい。では、自分から。

まず、私は俳句で、自分と宇宙を表現してみます。

　宇宙の本　開けしままに　おぼろ月

宇宙の本を見ていて、ふと夜空を見上げてみれば霞がかかった月（おぼろ月）につい見とれ、未来の宇宙開発や宇宙旅行について考えているところ、という句はどうかなぁ。

出来はもうﾁｮｲと思いますが、よろしくお願いします。

西岡

俺は、宇宙飛行士になるのが夢の西岡です。

宇宙は広大で、これから開発が進む場所と思っています。

よろしくお願いします。

中川

自分の夢は、宇宙船の機関士、メンテナンスをする整備士になることです。

宇宙ですが、「言葉にならないくらい、美しい」ということですかねぇ。

よろしくお願いします。

和夫

俺は、人なら必ず病気になります、その時に医者を手助けし、病気を治療する医療器具を作ることが夢です。

宇宙についてですが、人の体内もひとつの宇宙と思っています。

よろしくお願いします。

遠藤

自分は、技術の結晶体である自動車の整備士になるのが夢です。

宇宙は「行ってみたいところ」ですかね。そして、宇宙から地球を見てみたいです。

よろしくお願いします。

大島

私は、看護師、薬剤師となってお医者さんの手伝いをしたいですね。

宇宙への想いですが、とても神秘的と思ってます。

よろしくお願いします。

小鳳

私は、調理師、栄養士の資格を取得して、病院などで食事を一番の楽しみとしている患者さんの世話をするのが夢です。

宇宙についてですが、私は宇宙のことより現実派で、「今晩の食事をどうしよう」とかを考えるのが好きです。

それから、私は中国人ですが、小さい頃から日本に住んでいますので、日本語については自信があります。

よろしくお願いします。

西本

私は、女性としては珍しいと思いますが、公務員となって自動車の検査官になるのが夢です。

宇宙への想いですが、宇宙開発という、みんな同じ目標が持てればいいなぁと思っています。

よろしくお願いします。

小田

ありがとうございました。

次回は、相対性理論の勉強をする前に、その考え方（天動説と地動説）を簡単に説明します。

《それから学生たちは、今後のことについて次のように話し合った》

西岡

准教授が言いたいことは、「アインシュタインが導いた相対性理論」が間違っているということかなぁ。

中川

アインシュタインが間違っているとは考えられないけど。

大島

アインシュタインが考えた式に矛盾があるって言ってたけど、矛盾ってどこにあるの？

小鳳

光より速い速度は無いと仮定しているのに、$E=mc^2$はやっぱり、おかしいですよぉ。

和夫

光より速い速度は無いと考えちゃうと、宇宙旅行なんてできないというか、夢も希望もしぼんでしまって力が出ないけど、どうかな～。

西本

宇宙の星間距離って何万光年も離れている場合もあるんでしょ。光の速度で飛んでも何万年では、確かに夢も希望もないですよ。

西岡

准教授は、何かとてつもない理論を持って希望と夢を与えてくれる講義をしてくれるのではないかな。みんなで期待しようよ。そして、次回の講義は相対性理論の入り口である「天動説と地動説」に関してみたいだけど、どんな話になるんだろうね。

《というように学生たちは話し合い、そして、解散した》

2. 天動説と地動説

小田

みなさん、こんにちは。

これから、相対性理論の入り口である天動説と地動説について考えていきます。そこで、みなさんはどう思っているかを知りたいので、天動説が正しいと思っている方、挙手願います。

さすがに、いないかぁ。

次に、地動説が正しいと思っている方、挙手して下さい。

大多数だね。ところで小鳳、どちらにも手を挙げていなかったけど、どうしてかな。

小鳳

私、天動説だの地動説だの、意味が分からないんですけど。

小田

なるほど。誰かうまく説明できますか。

西岡

自分が説明してみます。

まず、天動説ですが、「東から昇った太陽は必ず西へ沈む」つまり望遠鏡で天体を観測できない時代の人は、あたりまえのように、「太陽が地球の周りを回っている」と信じていました。

地動説ですが、コペルニクス、ガリレオ・ガリレイ、ケプラーなどの人たちが望遠鏡を用いて天体観測をし、「地球が太陽の周りを回っている。そして地球の自転により太陽が地球の周りを回っているように見える」と唱えました。これが地動説です。

小田

小鳳、理解できましたか。

小鳳

なんとなくですけど。

小田

もうチョットだけ分かりやすく、地球の自転も含めて説明します。

天動説（太陽は地球の周りを回っている）は地球から太陽を見たとおりです。

地動説（地球は太陽の周りを回っている）では、まず太陽から惑星の並びがどうなっているかを観察します。

太陽から水星、金星、地球、火星、木星、土星、天王星、海王星と並んでいますね。

そこで、金星の動きを観察します。

金星は太陽と地球の間に存在します。天動説では金星も地球中心に回ることになり、太陽の陰に行くことはないですね。

しかし、金星の動きを観察すると太陽の陰にもなることが分かり、天動説では説明ができないことが分かりました。
《注：金星の動きを観測する際等で、太陽を直接望遠鏡等で見ないで下さい。失明する場合がありますよ (^^;)》

また、太陽の周りを地球が約365日で回っている（公転）とし、１日で太陽が東から西に運動するように見えるのはどうしてか？　という疑問では、地球が１日に１回自転しているからと考えました。

それだけではありませんが、地動説を唱える人たちは、天動説を唱える人たちに、地動説であることを説明するのは難しかったと思いますね。

まとめると、「太陽は地球の周りを回っているように見える。また、地球は太陽の周りを約365日かけて１周している。そして、地球は１日１回転で自転している」というのが結論です。

小鳳

視点を変えて（相手の立場に立って）考えることが重要ということですね。

小田

そのことが「相対的に物事を考える」ということだね。

視点を変えて考えるということで、月は自転しているか自転していないかを考えて下さい。

月にはいわゆる表と裏があります（満月の表では、いつもうさぎさんが、餅つきをしているように見えます）。したがって、月は自転していないように見えますが……。

和夫

はい！

小田

どうした、和夫。

和夫

月は公転周期と自転周期が同じ（公転1周と自転1回転が同じ）であり、したがって自転しています。

小田

よく知っているね。

和夫

「月の自転」でネット検索したことがあって、しかも自転周期は潮汐現象（潮の満ち引き）により必然的にそうなった、とありました。

小田

よく調べたね。

ところで、これら視点を変えて考えることは難しいことだけど、相対性理論を考えていくためには、非常に重要です。

他に天動説、地動説等についての質問等ありますか。

……無いようなので、次回は、「エネルギー保存の法則」について考えていきます。

3．教授との対話

小田准教授は、青野教授に相談がある旨伝え、教授室を訪れた。

小田

実は、これから「誰も考えたことが無いようなことを講義しようか」と考えているのですが、かまわないでしょうか。

青野

どんな講義をする予定ですか。

小田

相対性理論についてです。

青野

具体的に言ってくれますか。

小田

相対的に考えた時間と質量の関係、速度とエネルギーの関係等、主に質量が影響を及ぼす数式の説明ということになると思っています。

青野

なんか、難しい話ですね。

小田

数学を勉強していれば、これらの数式は理解できると思いますし、物理って意外と簡単なものですよ。

青野

その話が総合学科の自動車工学と法規にどのような関係があるのですか。

小田

自動車について、2020年のオリンピックまでには自動運転ができるようにすると公言してますよね。その自動運転のレベルですが、レベル０からレベル５まであります。

レベル３は加速・操舵・制動を全てシステムが行いますが、運転手が必要で、システムが運転を要請した時は運転手が対応します。

レベル４はドライバーがいなくてもOKとなりますが、交通量が少ないことなど自動運転しやすい環境が整っているという条件が必要となります。

日本政府はレベル４の自動運転の実現を2020年代後半を目指すとしていますが、特定のルートを走る無人タクシー、バスという形で海外でレベル４の自動運転車の実用化が具体的になってきたこともあって、日本においても東京オリンピックが行われる2020年にレベル３の自動運転車の実現と平行して、レベル４の無人タクシーの運用を目標とすることを発表しました。

ちなみにレベル５はどのような条件でも、自律的に自動走行してくれる車です。

青野

自動運転ですか。実現すればすごいと思いますけど、相対性理論とどんな関係があるのですか。

小田

自動運転では、GPSにより、自動車の位置を特定するわけですが、自動車から準天頂衛星「みちびき」（以下単に「人工衛星」という）、人工衛星から自動車までの正確な時間を計算しなければなりません。

もし、仮に不正確な時間による位置を自動車に伝えたりすると、間違いなく事故の原因となります。

そこで、私は時間と質量との関係等を式で表してみました。

そのことを学生に講義しようと考えています。

青野

難しい講義になりそうですが、おまかせします。ただし、羽目を外さぬよう気を付けて下さい。

小田

　教授の言われるように、難しい講義になりそうですが、やりがいがあります。助言ありがとうございました。

《というように、青野教授と小田准教授の対話は終わった》

4．エネルギー保存の法則から

みなさん、おはようございます。

今日はエネルギー保存の法則等エネルギーについて学んでいきます。

光の速度より速い速度は無いと仮定してアインシュタインが考えた相対性理論では、

$$E = mc^2$$

E：物質のエネルギー
m：質量
c：光の速度

と、導いています。

そこで疑問が生じます。光より速い速度は無いとしているのに、光の速度の二乗が式の上で存在しているのです。

相対性理論を考える上で、仮定というのは大事な要素であると思いますが、仮定とその結果が矛盾するのは仮定がおかしいからだと私は考えました。

（アインシュタインの時代では「光より速い速度は無い」と仮定するのは仕方がない）

つまり、私は光の速度が絶対速度でなく、光の速度の二乗が絶対速度であると考えたのです。

そのことから運動している物質のエネルギーは、$E=mc^2$、絶対速度はc^2であると仮定して、その考えに基づき私はエネルギー保存の法則から時間の式を考えていくことにしました。

高い所にある物質は、位置エネルギーを持ち、重力に引っ張られて運動エネルギーに変わっていくことから、次の式が成り立ちます。

$$mgh=\frac{1}{2}mv^2 \qquad \cdots\cdots①式$$

この式を$t=$で表すように移項していきますと、

$$g=\frac{h}{t^2}$$

から①式は次のようになります。

$$t=\frac{h}{v}\sqrt{2} \qquad \cdots\cdots①'式$$

この$\sqrt{2}$とは、いったい何なんでしょうか。

私はこの値は、質量に関係すると考えました。

そこで、相対性理論的（例として、太陽と地球の関係）に考察します。

地球は公転する時に生じる遠心力と太陽の重力によって釣り合っています。

そこで、地球は公転していますが、公転が止まったと仮定してみます。

地球はm_1ghという位置エネルギーがあることから、公転から生じていた遠心力から解き放たれ、太陽に向かって運動します。

その運動は、太陽から見れば地球が落ちてくるように見え、地球から見れば太陽が地球に落ちてくるように見えるのです。

よって、左辺が地球の位置エネルギー、右辺は太陽が地球へ落ちていく運動エネルギーと考えられ、エネルギー保存の法則から左辺と右辺が等しいという②式が成り立つと考えられます。

（エネルギー保存の法則で使われているhは、ここではm_1とm_2の質点間距離【ℓ】としました）

$$m_1 g_1 \ell = \frac{1}{2} m_2 v^2 \qquad \cdots\cdots②式$$

g_1 ：大きい質量（太陽）が小さい質量（地球）に向かっていく場合の重力加速度

m_1：m_2と比較して小さい物質（地球）の質量

m_2：m_1と比較して大きい物質（太陽）の質量

v ：m_2からm_1まで運動する時の速度

ℓ ：m_1からm_2までの質点間距離

考 察

$m_1 \neq m_2$と仮定すると、小さい質量を持つ位置エネルギーは大きい質量を持つ運動エネルギーに等しい？

小田

それではみなさん、この式などについて、質問等ありましたら言って下さい。

中川

公式中、ℓは質点間距離ってありますが、質点って何ですか。

小田

「ℓ」はもともと「h（高さ）」だったんだけど宇宙の星と星の距離等を表すのに、高さではピンとこないでしょ。それで、m_1の質点（物体の質量が1点に集中したと考えて、その物体を置き換えた点のこと）とm_2の質点距離を「ℓ」としました。

（質点については「慣性の法則」の説明でも使われています）

遠藤

エネルギー保存の法則ではm_1とm_2としてではなく、単純にmとして公式が成り立っているようなのですが、$m_1 \neq m_2$と仮定したのはなぜですか。

小田

これから相対性理論において、時間と質量との関係を考えていくことは大切です。

ですから、間違いかも分かりませんが、$m_1 \neq m_2$と仮定して考えていくことにしました。

最後に、絶対速度が光の速度と考えたとき、例えば1万光年離れている星に行こうとすれば、「光の速度で1万年もかかるのだから、宇宙旅行なんてできない」と考え、宇宙開発を無駄と考える方もいると思います。

しかし、絶対速度が光の二乗とした場合、例えば1万光年離れている星に加速する時間を含め往復で約1年とすれば夢もふくらむでしょ。

他に何かありますか。

無いようなので、次回は、時間と質量の関係を考えてみましょう。

5. 時間と質量の法則（1）

みなさん、おはようございます。

今日は時間と質量の関係について講義していきます。

我々は、時間という概念は、「AB 間の距離に比例し、AB 間の速度に反比例する」ということは教わっています。

しかし、質量が時間に影響するかしないかは教わっていません。

ここからは、質量が時間に影響を及ぼす式を地球と太陽の関係で考えていきます。

その前に、時間を考察するにあたって、まず質量が相違する場合（$m_1 \neq m_2$）として、大きい物質からそれと比較して質量が小さい物質に向かう（質量大〈太陽〉→質量小〈地球〉）時間を考えます。

大前提として、$m_1 \neq m_2$（例 $m_1 < m_2$）、$\ell_1 = \ell_2 = \ell$ 、$v_1 = v_2 = v$ と仮定します。②式から、

$$g_1 = \frac{\ell}{t_1^2} = \frac{m_2 v^2}{2m_1 \ell} \qquad \cdots\cdots ③式$$

③式を $t_1 =$ で表すと④式となります。

$$t_1 = \frac{\ell}{v}\sqrt{\frac{2m_1}{m_2}} \qquad \cdots\cdots ④式$$

g_1 ：質量が大きい物質から質量が小さい物質に向かう重

力加速度

ℓ ：m_1の質点からm_2の質点までの距離

m_1：m_2と比較して、小さい物質の質量（例：地球）

m_2：m_1と比較して、大きい物質の質量（例：太陽）

v ：m_2の物質からm_1の物質に運動する速度

t_1 ：m_2からm_1に運動する時間（例：太陽から地球に向かって運動する時間）

次に、質量が小さい物質（地球）から、それと比較して質量が大きい物質（太陽）に向かう時間を考えます。

この場合、④式における右辺の$\sqrt{\ }$ の項についてですが、これは、m_2からm_1に移動するときの比率を表していることからm_1からm_2に移動する場合は、この比率の逆数（反比例）と考えられます。

では、質量小（地球）→質量大（太陽）に移動する時間はどう表されるのかを考えます。$\sqrt{\ }$ の項が反比例の関係であることから⑤式で表されます。

$$t_2 = \frac{\ell}{v} \cdot \frac{1}{\sqrt{\frac{2m_1}{m_2}}} \qquad \cdots\cdots ⑤式$$

この⑤式は⑥式と表すこともできます。

$$t_2 = \frac{\ell}{v} \sqrt{\frac{m_2}{2m_1}} \qquad \cdots\cdots ⑥式$$

ℓ ：m_2の質点からm_1の質点までの距離

m_1：m_2と比較して、小さい物質の質量（例：地球）
m_2：m_1と比較して、大きい物質の質量（例：太陽）
v　：m_1の物質から m_2の物質に運動する速度
t_2　：m_1から m_2に運動する時間（例：地球から太陽に向かって運動する時間）

小鳳

すみませ〜ん。

小田

どうした小鳳。

小鳳

あの〜、③式では「地球の公転が止まったら」として考えられていますが、地球の公転が止まったら地球から見える太陽の公転？が止まるのではないでしょうか。

小田

すばらしい意見だよ。

それじゃ〜地球の公転が止まれば、太陽の公転が止まるように見え、地球は太陽の重力によって太陽に向かって行くことを式に表すと③′式となります。

$$g_2 = \frac{\ell}{t_3{}^2} = \frac{m_1 v^2}{2m_2 \ell} \qquad \cdots\cdots③'式$$

この式を時間 $t_3 =$ と $t_4 =$ で表すと、

$$t_3 = \frac{\ell}{v}\sqrt{\frac{2m_2}{m_1}} \quad \cdots\cdots ④' 式$$

$$t_4 = \frac{\ell}{v}\sqrt{\frac{m_1}{2m_2}} \quad \cdots\cdots ⑥' 式$$

t_3：m_2からm_1に運動する時間（太陽から地球に行く時間）

t_4：m_1からm_2に運動する時間（地球から太陽に行く時間）

考察

この④式、⑥式、④′式、⑥′式から分かることは、

「時間は質量を持つ」……え!!（驚笑）

→「時間は質量の影響を受ける」が分かりやすいかなぁ？

小田

それでは、みなさん、これらの式が合っているかどうかについて次回の講義で検証していきましょう。

《それから、小田准教授は自宅に帰って、こっそり、太陽から地球までと地球から太陽までの光が届く時間を計算したのであった(笑)》

ℓ　：約1.4960×10^{11} m　　地球の平均公転半径

$v(c)$：299792458 m/s　　速度は光速

m_1　：5.9726×10^{24} kg　　地球の質量

m_2　：1.9891×10^{30} kg　　太陽の質量

1．太陽から地球までを光速で行く時間

$$t_1 = \frac{\ell}{v}\sqrt{\frac{2m_1}{m_2}} = 499.011 \times \sqrt{6.005 \times 10^{-6}}$$

$$\fallingdotseq 1.223 \text{秒}$$

2．地球から太陽までを光速で行く時間

$$t_2 = \frac{\ell}{v}\sqrt{\frac{m_2}{2m_1}} = 499.011 \times \sqrt{0.167 \times 10^{6}}$$

$$\fallingdotseq 203923.98 \text{秒}$$

$$= 2\text{日}8\text{時間}38\text{分}44\text{秒}$$

次に④′式、⑥′式で計算してみます。

3．太陽から地球までを光速で行く時間

$$t_3 = \frac{\ell}{v}\sqrt{\frac{2m_2}{m_1}} = 499.011 \times \sqrt{0.666 \times 10^{6}}$$

$$\fallingdotseq 407236.98 \text{秒}$$

$$= 4\text{日}17\text{時間}7\text{分}17\text{秒}$$

４．地球から太陽までを光速で行く時間

$$t_4 = \frac{\ell}{v}\sqrt{\frac{m_1}{2m_2}} = 499.011 \times \sqrt{1.501 \times 10^{-6}}$$

$$\fallingdotseq 0.6114\text{秒}$$

《これらの計算は時間は質量を持つとして計算しています。しかし、あまりにも誤差は大きく（光が地球から太陽に向かう時間は重力に関係しないとすれば、片道約８分19秒です）、すなわち、これらの式は間違っていると考えられます。では、どこが間違っているのでしょうか？》

6. 家族との会話 (1)

小田

ただいま〜って、今日はみんな仕事か〜。

風呂に入っておこうかな。

妻

ただいま〜。

小田

今、風呂から出たところ、飯は後でイイから、風呂行ってき〜。

妻

お言葉にあまえて、お風呂入ってきますね。

息子

ただいま〜。

小田

おかえり〜、今、かあさんが風呂入ってるからね。

《小田准教授は妻のことを「かあさん」と呼んでいる。そし

て、しばらくして夕食timeがやってきた》

小田

あのさ～難しい話をするけど～、時間は質量を持つって信じられる？

二人

信じられるわけ無いでしょ！

小田

だよね～。

妻

どこから、そんな考えが出たのよ。

小田

話せば長いし、理解出来ないと思う。

二人

話さなければ分からないでしょ。

小田

そうだな～、じゃ～月の自転から説明するよ、月は自転していると思う？

二人

自転なんかしてないでしょ。常に月の表を見てるんだから〜。

小田

実は、月は自転してるんだよ。

妻

何言ってるのよ、おかしいこと言わないでくれます。

小田

じゃ〜説明するね。

《准教授は100円玉1個と50円玉1個を取り出して》

100円玉は地球とするね、50円玉は月とするよ、月は地球の周りを回っているから50円玉を100円玉の周りを回す。

ここまではイイ？

二人

いいけど。

小田

50円玉を注目してもらって、50円玉を押さえて、自転してないように回すよ。

すると、50円玉が半周すれば、地球に対して裏を見せてるようになる。

妻

裏はどうやって見るの？　50円玉をひっくり返してないし。

小田

ブッ（笑）、ん〜〜と、じゃ〜50円玉の50という数字をずっと見てて、50円玉が100円玉に対して自転していなかったら、半周すると、50円の50という数字が100円と反対方向にあるだろ。

妻

ウン、それがどうしたの？

小田

50円玉は、いつも表を100円玉に見せるためには、自転してなきゃダメだってこと、分かった？

妻

う〜〜ん。よく分からない。ところで自転しているとして、それがどうしたの？

小田

どうしたのって言われても、どうにもならないけど……。

二人

なら、どうでもいいんでしょ。

《小田准教授は時間と質量の話を切り出す前に玉砕したのでした》

小田

何の話をしてたっけ。……そうだ、時間と質量の話からか、説明するのは、難しいなぁ、ま、いっか (^^) ニコニコ

《それから、小田准教授は時間と質量に関して、仮定の考え方が間違っていると思っていた。さて、学生たちはどう思っているのだろうか？》

7．チョッと休憩time（1）

《時間と質量の講義の帰り道、学生たちは話し合った》

中川

　みんな、今日の講義、「時間と質量の関係」だけど、理解できた？

西本

　なんか、おかしいのよね〜、間違っているようで〜、理論的に説明できているようで〜。

大島

　やっぱり、最後の考察で「時間は質量を持つ」、これは驚きと爆笑ですね。私、大笑いを抑えるのに苦労したもん。

小鳳

　そこって、大笑いする所？　私は、なるほど（フムフム）と聞いてましたよ。

西岡

　あははは、さすが小鳳だ。

　仮にだな、時間に質量があれば動かすことができ……まてよ、准教授はそこも考えているのかなぁ。

遠藤

次の講義ではっきりすると思うよ。だって、世界中でこういうこと考えてるのって准教授ぐらいだろ (笑)

和夫

ところで、みんなで青野教授の所へ行って、抗議しないか？

だって、「時間は質量を持つ」なんて、絶対おかしいだろ。

小鳳

私はその意見に賛成できませんね。

今、仮に青野教授のとこ行って、講義が中止になったら、私たちメチャ中途半端。

つまり、途中経過まででで、最後まで聞けないってことは、私たちも、「これから先、何をやっても中途半端で終わってもイイよ」みたいなことになるよぉ。だから最後まで講義を私は受けたいです。

西岡

さすが、小鳳だ！　嫁にしたいね (笑)

小鳳

私は、他に好きな人がいます。

西岡

振られちゃった。で、その好きな人って誰？

小鳳

今は内緒です。

《学生たちはそんな話をしながら帰って行ったのだが、その後、中川と西岡は二人で話し合った》

西岡

小田准教授が考えてる時間の式なんだけど、時間が質量を持つとするならば、動かすことが出来、つまり時間をさかのぼって移動すること、つまりタイムマシンができる、と考えられると思うけど、中川はどう思う？

中川

俺は、時の流れを止めることはできない、つまり、タイムマシンなんて絶対出来ないと思っているから、小田准教授の考えは間違っていると思う。

西岡

そうなんだよね。でも、その事を分かっていながら小田准教授は講義しているようにも思えるけど……。

中川

今の段階では、なんとも言えないから、次回の講義を楽しみにしようぜ (^^)

西岡

そだね (^^)

《そうして二人は解散した。いよいよ次回は、進化した時間と質量の講義が始まります》

8. 時間と質量の法則 (2)

みなさん、こんにちは。

今日は前回からの続きで時間と質量の関係について考えていきます。物質の質点方向に作用する力（重力）が時間にどう影響するかです。

前回の講義で星と星を移動する際の時間はどういう式で表されるかを考えてみました。

まず、$m_1 \neq m_2$、と仮定して時間を考えてきたわけですが、

$$t_1 = \frac{\ell}{v}\sqrt{\frac{2m_1}{m_2}} \quad \cdots\cdots ④式$$

$$t_2 = \frac{\ell}{v}\sqrt{\frac{m_2}{2m_1}} \quad \cdots\cdots ⑥式$$

$$t_3 = \frac{\ell}{v}\sqrt{\frac{2m_2}{m_1}} \quad \cdots\cdots ④' 式$$

$$t_4 = \frac{\ell}{v}\sqrt{\frac{m_1}{2m_2}} \quad \cdots\cdots ⑥' 式$$

ℓ ：m_1の質点からm_2の質点までの距離

m_1：m_2と比較して、小さい物質の質量

m_2：m_1と比較して、大きい物質の質量

v ：m_1の物質からm_2の物質に運動する際、または、m_2

の物質から m_1 の物質に運動する際の速度

t_1 又は t_3：m_2 から m_1 に移動する時間

t_2 又は t_4：m_1 から m_2 に移動する時間

それでは、実際に値を挿入して考えてみます。

この式において、太陽から出た光が地球に到達するまでの時間はどうなるのでしょうか。また、その逆はどうなるのでしょうか。

まず、太陽から発する光が地球に到達するまでの時間ですが、これらの式により計算すると、なんと、約1.223秒、又は約４日と17時間超かかることが分かりました。

それから、地球から発した電波（光の速度と同じ）が太陽に到着する時間を計算すると、なんと、２日と８時間超又は0.6114秒でした。

【２通りの答えがあること自体おかしいのですが (笑)、ちなみに、太陽から出た光が地球に到着するまでの時間は重力の影響を受けないとすると約８分19秒です】

では、この式と計算結果について質問があれば、どうぞ。

西岡

はい！

小田

お！　西岡どうぞ。

西岡

理論的には間違っていないと思いますが……たぶん仮定が間違っているのかと。

小田

どのように修正すればいいと考えますか？

西岡

$m_1 \neq m_2$とした仮定が間違いで、$m_1 = m_2$が正解かと考えますけど……。

小田

どうしてそう考えましたか？

西岡

$m_1 \neq m_2$とするとエネルギー保存の法則と矛盾するのではと感じただけです。

小田

そうですね(^^)

私の考えでは、仮定として、「地球の公転が止まったら」として考えていますけど、地球は太陽の引力により太陽に向かって運動していきます。

そこで、「地球から見れば太陽が地球に向かっているように見える」ということですが、実際は地球が太陽に向かって運動するのです。

すなわち、「地球の公転が止まれば、太陽の公転が止まるのではなく、太陽が地球に向かって運動するのでもなく、地球が太陽に向かって運動する」ということなのです。

よって、④式、⑥式、④′式、⑥′式を $m_1 = m_2$（双方とも地球の質量）として考えられます。

$$m_1 = m_2 \qquad \frac{m_1}{m_2} = 1$$

となることから、④式、④′式は⑦式、⑥式、⑥′式は⑧式となります。

$$t_1 = \frac{\ell_1}{v} \cdot \sqrt{2} \qquad \cdots\cdots ⑦式$$

$$t_2 = \frac{\ell_2}{v} \cdot \frac{1}{\sqrt{2}} \qquad \cdots\cdots ⑧式$$

これらの時間 t_1 と t_2 は、星と星等の重力が働く方向なので水平方向ではありません。

また、普通に考えられている時間 t は次式です。

$$t = \frac{\ell}{v} \qquad \cdots\cdots ⑨式$$

t ：重力が作用する方向に対し、鉛直線上（地球に対して水平面上）において存在するA点からB点又はB点からA点に運動する時間

t_1 ：重力が作用する方向に対して存在する質点C（質量

大）から質点Ｄ（質量小）に運動する時間

t_2 ：重力が作用する方向に対して存在する質点Ｅ（質量小）から質点Ｆ（質量大）に運動する時間

ℓ ：重力が作用する方向の、鉛直線上において存在するＡ点からＢ点又はＢ点からＡ点に運動する時の距離

ℓ_1：重力が作用する方向に対して存在する質点Ｃ（質量大）から質点Ｄ（質量小）に運動する時の質点間距離

ℓ_2：重力が作用する方向に対して存在する質点Ｅ（質量小）から質点Ｆ（質量大）に運動する時の質点間距離

v ：運動する時の速度

$\sqrt{2}$：質量大から質量小へ速度vで運動するときの比率(以下「相対的質量比」という)

$\frac{1}{\sqrt{2}}$：相対的質量比の逆数

また、⑧式の$\sqrt{\ }$ の項を考察すると、

$$t_2 = \frac{\ell_2}{v} \cdot \frac{\sqrt{2}}{2}$$

となり、往復の距離と速度が同じとすると、もっと簡単な式として、次式が成り立ちます。

$$t_2 = \frac{t_1}{2} \quad \text{そして} \quad \frac{t_1}{t_2} = 2$$

さて、検証してみましょう。

太陽から地球は光を受けているので、太陽と地球の関係で考えます。

なお、⑦式は①′式と同じ式になっています。

次に、

光の速度は299792.458 km/s

地球の平均公転半径は約149600000 km

では、計算してみます。

$$t_1=\frac{\ell}{v}\times\sqrt{2}=\frac{149600000}{299792.458}\times\sqrt{2}$$

≒ 8分19秒×1.41421

≒ 11分45秒69

$$t_2=\frac{t_1}{2}=11分45秒69\div2$$

≒ 5分52秒85

となり……t_2は光の速度で単純計算した約8分19秒より小さいので、光の速度を超えています（驚！）。

考察

1．小さい重力の物質から大きい重力の物質に向かって行く時間は短くなり、大きい重力の物質から小さい重力の物質に向かって行く時間は長くなる。

２．大きい質量から出る時間は相対的質量比$\sqrt{2}$に比例し、大きい質量に向かう時間は相対的質量比$\sqrt{2}$に反比例する。

３．時間と質量の関係は、「無いようで有るもの、有るようで無いもの」と考えられる。

小田

それでは、みなさん、この式について質問、意見等ありますか。

遠藤

その式は間違っていませんか？

小田

間違っていないと思いますが、実際に人工衛星を使って検証する必要があると思っています。

自動車の自動運転では必ず、必要となる人工衛星と自動車との位置についてを考えます。

人工衛星と自動車との距離を600 kmとし、光の速度を299792.458 km/sで考えます。

$$t_1 = \frac{\ell}{v} \cdot \sqrt{2} = \frac{600}{299792.458} \times 1.41421$$

$$= 0.002830 \text{秒}$$

$$t_2 = \frac{\ell}{v} \cdot \frac{1}{\sqrt{2}} = \frac{600}{299792.458} \times \frac{1}{1.41421}$$

$$=0.001415秒$$

なお、単純に人工衛星までの往復時間 t を〔距離÷速度〕の２倍とすると $t=0.004003$秒となり t_1+t_2 で計算した0.004245秒とのずれが若干あります。

また、t_2 は重力により光の速度を超えることが分かります。このことは、人工衛星により確認することができると考えます。

大島

⑧式によると、光の速度を超えられるというのが分かりますが、「世界中では光の速度が絶対速度」であると考えられています。そこのところは、どう思われますか。

小田

私は、絶対速度は c^2 と考えていることから、「光の速度を超えることができる」という考えが正しかったことを、少しですが証明できたと思っています。

西本

自動車の自動運転で、この式は必要でしょうか。

小田

GPS により、運動している自動車の位置を確認し、カーナビ等に役立てているところですが、自動運転する場合、少しの時間誤差も事故の原因となり得ます。

したがって、片道の時間も重要ですが、t_1とt_2を加えた式（往復時間）も必要になってくると考えます。

ちょっと計算してみます。

$$t_1+t_2=0.002830\text{秒}+0.001415\text{秒}$$
$$=0.004245\text{秒}$$

①自動車の速度を50 km/hとし、計算します。

$$50\,\text{km/h}=\frac{50\times10^3}{3600\text{秒}}=13.89\,\text{m/s}$$

次に、時速50 km/hの自動車がt_1秒＋t_2秒の間にどれだけ走行するかを計算します。

$$13.89\,\text{m/s}\times0.004245\text{秒}=0.05896\,\text{m}$$

これは、50 km/hで走行している自動車の位置を、約6 cmのずれで位置確認ができる、ということです。

②自動車の速度を100 km/hとし、計算します。

$$100\,\text{km/h}=\frac{100\times10^3}{3600\text{秒}}=27.78\,\text{m/s}$$

次に、時速100 km/hの自動車がt_1秒＋t_2秒の間にどれだけ走行するかを計算します。

$$27.78\,\text{m/s}\times0.004245\text{秒}=0.1179\,\text{m}$$

これは、100 km/h で走行している自動車の位置を、約12 cm のずれで位置確認ができる、ということです。

ここで、ℓ_1、ℓ_2 は質点間の距離とありますが、地球から人工衛星までを考えるには、地球表面から人工衛星までの距離（ここでは600 km で考察）で考えることができます。しかし、人工衛星は常に天頂に存在できないので、補正が必要です。

小鳳

この時間の式により、計算することができ、GPS の性能が格段に良くなるということでしょうか。

小田

性能は良くなり、安全な自動車の自動運転の開発等が進むと思いますよ。

和夫

時間の式が、GPS 以外で、どんなことに影響を与えていますか。

小田

時間を考える場合、私たちは現在、時間は地球の自転1回を1日とし、時間、分、秒、それから地球の約1公転を1年とし、生活しています。

このように、時間は生活の最必需品とも言えます。したがって、この時間の式は、大いに役立つと思います。

西本

「ウラシマ効果」って聞いたことがありますが、「ウラシマ効果」ってなんですか？

小田

宇宙旅行をしている者が地球上にいる者よりも速い速度で運動しているとします。この場合、宇宙での時間は、地球上と比較すると遅く経過するというのが昔からの考えです。
「ウラシマ効果」というのは、日本のおとぎ話である『浦島太郎』が竜宮城で過ごした数日間に地上では何十年という時間が過ぎていたという話にそっくりであるため「ウラシマ効果」と呼ばれています。

西本

准教授は「ウラシマ効果」をどのように考えていますか？

小田

⑧式を見てみると、「速度が速くなれば時間が遅くなるのではなく、移動時間が短くなる」ということを表しているに過ぎず、「ウラシマ効果」を表している式ではありません。

中川

宇宙を往復する時間は行きと帰りで違うことを想定していますが、その根拠を教えて下さい。

小田

宇宙だけの現象でなく、地球上で考える事もできます。長〜い坂を下から上へ行くとき、時間がかかります。

しかし、下りの坂を行くときは上りと比べて、短時間ですみます。

遠藤

これらのことを教えようとしたきっかけと、$m_1 \neq m_2$として遠回りの考えをしたのは何故ですか。

小田

教えようとしたきっかけは、$E=mc^2$というアインシュタインが考えた式からです。

また、私が習ったエネルギー保存の法則は次式でした。

$$mg\ell = \frac{1}{2}mv^2$$

ℓは本来、h（高さ）ですが、私は質点間距離ℓとしました。

私は、まずmという存在に違和感を覚えました。「右辺と左辺で同じmが使われているのに、なぜ消去していないのか？」という疑問が生じたのです。

それから、t（時間）=でこの式を表すと、

$$t = \frac{\ell}{v}\sqrt{2}$$

となり、この$\sqrt{2}$は何？　という疑問が生じました。

私は、この$\sqrt{2}$は質量が影響していると考えて$t=$の式（④式、④′式、⑥式、⑥′式）を考えたのです。

つまり、「時間は質量が関係しているかもしれない」ことから、間違っていると思いながら、$m_1 \neq m_2$と仮定して考えたのです。そう考えることにより説得力も増すと思ったからです。

そして、$m_1 \neq m_2$として式を考えたのですが、計算値が大幅に違う、一致しないこととなり、また$m_1 \neq m_2$とした仮定の考えも誤りであると確信したのです。

それは、先にも言いましたが、地球の公転が止まったら、太陽が地球に向かって運動するとか、地球の公転が止まれば太陽の公転が止まるのではなく、要するに、「地球の公転が止まったら、地球が太陽に向かって運動する」ということなのです。

その結果、$m_1 \neq m_2$は間違いで、$m_1 = m_2$として、その結果に基づき考えを発展させ⑦式、⑧式を考えたのです。

他にありませんか。

無いようなので、今日はここまで。次回は速度とエネルギー、そして距離の講義をします。楽しみにして下さい。

《さて、アインシュタインは$E=mc^2$をどうやって考え出したのでしょうか？》

9．チョッと休憩 time (2)

西岡

お〜〜い。小鳳さ〜〜ん。

小鳳

な〜〜に〜。

西岡

フ〜やっと追いついた。歩くの速いね、小鳳さん。

小鳳

鍛えてますから〜。

西岡

ところで、今日までの講義で、時間と質量の話、理解できた？

小鳳

まぁまぁ理解できたかなぁ。

西岡

天動説と地動説の違いも理解できてなかったみたいなのに、

すごいね。

小鳳

天動説と地動説の違いなんて、授業で習ったことないし……。

西岡

ところで小鳳さん。クラブはソフトボール部だっけ？

小鳳

そうだよぉ、ポジションはキャッチャーで打順は３番か５番（４番ではない）ですよ。西岡さんは確か、野球部でしたね。

西岡

そうそう、８番ライト西岡って感じかなぁ。ま〜滑り込みセーフのレギュラーってとこかなぁ。

俺はさ〜、昔、少年野球をやってて、補欠なのに、「エースで４番だった」なんて見栄を張った嘘を言ったことがあるんだ。

小鳳

まじですか？　信じられない。

西岡

今では、そういう嘘を言ってしまったことを後悔しているんだけど、どう思う？

小鳳

過去に言ったことは、もう、取り返すことはできないけど、これからは嘘をつかないようにすれば、いいんじゃないかなぁ。

西岡

そうだね。ところで小鳳さん、好きな人は内緒って言ってたけどマジで誰？

気になるなぁ。

《小鳳は、西岡の友達である和夫が好きだった。が、正直に言うと気まずくなると考え、「ふるさとの中国に恋人がいる」と嘘をつこうとしたが、嘘は「ダメ」と思い、少し間をおき》

小鳳

私、和夫さんが好きなの。

《と、正直に言ったのである》

西岡

残念だなぁ。って、和夫には彼女いるよ。マジで和夫が好き？

小鳳

ｳﾝ（ﾎﾞｿ)。

西岡

俺にもチャンスある？

小鳳

さぁ？

《そこへ、和夫と大島がやってきた》

和夫

よ〜、ご両人。

大島

アツアツですね。

小鳳

そんなんじゃないですぅ。たまたま、西岡さんに声かけられただけですよ。

《和夫と大島は恋人同士であり、クラスのみんなが知っている。当然、小鳳も知っている》

西岡

和夫と大島さんは何してた？

和夫

今日の授業のことを話し合ってた。

大島

そうそう、「『時間と質量の法則』ってすごいね」って話してた。

和夫

西岡と小鳳はどんなことを話してた？

西岡

「恋人がいるかいないか」について話してた。

大島

へぇ～、西岡さんは彼女いないとして～。

西岡

ｳﾙｾｲ（ﾎﾞｿ)。

大島

小鳳さんは彼氏いるの？

小鳳

今は、彼氏いないけど、これから先、未来は分からないですね。

西岡

小鳳、二人の未来を変えようね。

小鳳

ウンウン、え！　意味深ですね～。

西岡

言った本人が「照れる」(笑)

それはそうと小田准教授の講義って教科書に載ってないような、「時間と質量の法則」を講義して、大丈夫なのかなぁ。

大島

青野教授に話を聞いてもらいましょうか。

和夫

ウン、行ってみよう。

《話はまとまり、４人で青野教授の部屋に行ったのでした》

西岡

おじゃまします。

教授は、小田准教授が講義されている内容はご存じですか？

青野

相対性理論のことなら小田准教授から講義するって聞いてま

すよ。

和夫

教科書に載ってないことを講義しても大丈夫なんですか？

青野

教科書どおりのことだけを教えるのでは発展がないように思いますが、どうでしょうか？

それから、小田准教授は相対性理論から、学生たちに未来を伝えたいと考えているようです。

小鳳

どうして、そこまで教授は知っているんですか？

青野

過日、准教授と話し合いました。そして「羽目を外さないように」とお願いしましたけど、何か、問題がありましたか？

和夫

特に問題はないですが、「教授は講義の内容を知っているかな？」って思って、ご相談にきました。

青野

何か問題があれば、私が責任をとるつもりです。

西岡

分かりました。教授に責任をとらせるようなことはしません。お話、ありがとうございました。

《教授の部屋から帰っていく途中、相対性理論のことでチョット話し合った》

和夫

今、思ったんだけど、俺たちってさ～、今、世界一の講義を准教授から受けているような気がするけど、間違い？

大島

間違いないと思いますよ。そして、「未来を変える」のは准教授だけでなく、私たちも「未来を変える」のでは……。

西岡

俺もそう思うね。准教授の教えの基本は「相対性理論」で、それは、「絶対速度は光の速さでない」、「エネルギー保存の法則」の考えから、発展しているよね。

大島

そうそう、それから発展して考えられたのが「時間は質量を持つ」（驚笑）だったですね（笑）。しかし、今日の講義では質量の項がなくなりましたけど……。

小鳳

そして、時間と質量の関係は、「無いようで有るもの、有るようで無いもの、と考えられる」かぁ、そして、この結び、意味深ですねぇ。

和夫

俺もそう思うけど、そのうちに、その結びの真実が明らかになってくると思うよ。

西岡

さて、次の講義は「速度とエネルギー、そして距離と質量の関係」だろ、楽しみにしようぜ。

《そうして、学生たちは解散した》

10. 家族との会話 (2)

小田

ただいま〜。

妻

おかえり〜（妻はパートで働いているが、今日はたまたま休みであった）。

小田

今日は((+_+));;ツカレタ〜〜、授業でさ〜「時間と質量の法則」というのを講義して、いっぱい頭を使ったからね。

妻

お風呂ができてますよ。ゆっくり入ってきてぇ。

小田

ありがとう。そうするよ。

妻

ところで、その「時間と質量の法則」って、どんなこと？

小田

かあさんには、分からないと思う。だって、月の自転とかを説明しても分からなかったんだから。

妻

説明を聞いてみないと、分からないでしょ。

小田

「光の速度は、地球の重力によって、超えている」と言ったら？

妻

さて、食事の用意……。

小田

ブッ (笑)

さて、風呂入ってこよ〜っと。

《風呂の中で、小田准教授は次の疑問のことについて考えていた》

小田

アインシュタインはどこから $E=mc^2$ を考えたのだろうか？

《時間と質量の関係を式に表したのに、准教授はもう、次のことを考えているのでした。そして、風呂から出て……》

小田

かあさん、お先〜、風呂、気持ちよかったよ。

妻

さ〜て、ごはんですよ。息子を呼んでね。

小田

はいよ。

息子

とうさん、おかえり。

小田

あ〜、ただいま。

今日は、母さんが作った、ピザだよ、これが旨いんだよね〜。具もいっぱいのってて美味！

さぁ食べよう。いただきま〜す。

《そして、家族で楽しく食事をし、TVのクイズ番組を見て、息子は親が分からないのにパッパッと答えていくのでした》

みんな

ごちそうさま〜。

《小田准教授は、食後のコーヒーを飲みながら、時間と質量の

法則についての講義を振り返っているのであった》

小田

　やっと、時間と質量の関係の講義が終わったな〜。ここまで来るのにずいぶん時間を要したけど、みんな理解してるんだろうかなぁ？　ま、いいや、そのうち質問があれば言ってくるだろうし……さて、次の講義のことを考えよう。

　次は、速度とエネルギーの関係、そして距離の関係かぁ。「時間は質量に関係する？」ことが分かったから、「速度も質量に関係する？」として、距離はどうなんだろう、距離が質量により伸び縮みするのはおかしいなぁ。

《そうして、速度と質量の関係を考えていくと、アインシュタインが考え出した、

$$E = mc^2$$

　にたどりついた〜 (^^)v ﾔｯﾀ ~》

《そして、准教授はこれからの講義について考えをめぐらし始めた》

11. 速度とエネルギー

おはようございます。今日は、速度とエネルギー、そして距離について考えていきます。

まず、星と星の間を移動する速度とエネルギーの関係です。

往復で時間が異なることから速度についても往復する速度が異なると考えられるので、v_1（A点〈質量大〉からB点〈質量小〉へ行く速度)、v_2（B点〈質量小〉からA点〈質量大〉へ行く速度）として、往復の速度を考えていきます。

t_1 ：A点（質量大）からB点（質量小）へ行く時間
t_2 ：B点（質量小）からA点（質量大）へ行く時間
v_1 ：A点（質量大）からB点（質量小）へ行く速度
v_2 ：B点（質量小）からA点（質量大）へ行く速度
v ：単に距離を時間で割った速度
ℓ ：A点からB点までの質点間距離

速度 v_1 について、

$$t_1 = \frac{\ell}{v} \cdot \sqrt{2} \qquad \cdots\cdots ⑦式から$$

次式 t_1 に代入する。

$$v_1 = \frac{\ell}{t_1} = \frac{\ell}{\frac{\ell}{v}\cdot\sqrt{2}} = \frac{v}{\sqrt{2}} \qquad \cdots\cdots⑩式$$

速度 v_2 について、

$$t_2 = \frac{\ell}{v}\cdot\frac{1}{\sqrt{2}} \qquad \cdots\cdots⑧式から$$

次式 t_2 に代入する。

$$v_2 = \frac{\ell}{t_2} = \frac{\ell}{\frac{\ell}{v}\cdot\frac{1}{\sqrt{2}}} = v\sqrt{2} \qquad \cdots\cdots⑪式$$

v を光の速度とすると、v_2 は光の速度を超えているのが分かります。

速度比について、

$$\frac{v_1}{v_2} = \frac{1}{\sqrt{2}\times\sqrt{2}} = \frac{1}{2} \qquad \cdots\cdots⑫式$$

距離 ℓ について（往復で距離が相違する可能性があるので距離を ℓ_1、ℓ_2 として考えた）、

$$\ell_1 = v_1 t_1 = \frac{v}{\sqrt{2}}\times\frac{\ell_1}{v}\cdot\sqrt{2} = \ell_1 \qquad \cdots\cdots⑬式$$

$$\ell_2 = v_2 t_2 = v\sqrt{2}\times\frac{\ell_2}{v}\cdot\frac{1}{\sqrt{2}} = \ell_2 \qquad \cdots\cdots⑭式$$

このように、距離は時間や速度で変化しないことが分かります（納得）。

考察

1．⑩式から、光速で質量が大きい物質から質量が小さい物質へ行く場合には、光速が $\frac{c}{\sqrt{2}}$ となる。

2．⑪式から、光速で質量が小さい物質から質量が大きい物質へ行く場合には、光速が $\sqrt{2}\times c$ となり光速を超える。

3．⑬式、⑭式から質量小↔質量大への距離は変化しない。

小田

それでは、みなさん、これらの式について質問、意見等ありますか。

遠藤

地球は太陽からエネルギー（光等）を受けて存在しています。その光は太陽から何分くらいで地球に到達しますか。

また、その時の速度はどれくらいと考えられますか。

小田

地球の平均公転半径を使って計算してみましょう。

平均公転半径 ℓ は約149600000000 m

光の速度 c は299792458 m/s

$$t=\frac{149600000000}{299792458}=499.00\text{ 秒}$$

＝ 8分19秒

$t_1 = 499.00 \times \sqrt{2}$ ＝705.69秒

太陽から地球に光が到達 ＝11分46秒

したがって、その時の速度 v_1 は、

$$\boxed{1}\ v_1 = \frac{c}{\sqrt{2}} = 211985.814\ \text{km/s}$$

$$\fallingdotseq 21万2000\ \text{km/s}$$

同様に、地球から太陽に光が到達する時間は、

$$t_2 = \frac{t_1}{2} = 352.85秒$$

$$\fallingdotseq 5分53秒$$

したがって、その時の速度 v_2 は、

$$\boxed{2}\ v_2 = c \times \sqrt{2} = 299792458 \times \sqrt{2}$$

$$= 423970.559\ \text{km/s}$$

$$\fallingdotseq 42万4000\ \text{km/s}$$

2の計算式による値は、時間と質量の関係の⑧式からも分かるように、速度は光の速度約30万 km/s を超えています。

そして、速度と光速 c との相対的質量比の関係は、

$$v_1 = \frac{c}{\sqrt{2}} \qquad \cdots\cdots⑮式$$

$$v_2 = c\sqrt{2} \qquad \cdots\cdots⑯式$$

となります。

中川

重力に引っ張られる場合、重力から脱出する場合、質量に関係なくどこの星へ行くにもこの式は成り立ちますか。

小田

質量 m_1、m_2 が影響すると仮定して時間の式を考えた際、結論として m_1、m_2 の質量とは関係しないことが分かりました。

よって、⑮式、⑯式はどこの星へ行っても成立すると考えます。

西岡

$E=mc^2$ から、c^2 が絶対速度と考えられています。が、$v_2=c\sqrt{2}$ を二乗して得た値から、$2c^2$ が絶対速度ではないでしょうか。

小田

まず、運動エネルギー $E=\frac{1}{2}mv^2$ について、考えていきます。

同じ質量では、速い速度が大きいエネルギーを有していることから、速度 v_2 で考えていきます。⑯式より、

$$v_2 = c\sqrt{2}$$

ですが、この式を二乗します。すると、

$$v_2{}^2 = 2c^2$$

となり、この式は、

$$\frac{1}{2} v_2{}^2 = c^2 \qquad \cdots\cdots⑰式$$

と移項されます。

そこで、この物質の運動エネルギーは⑰式の両辺に m を掛け、v_2 を v とするとエネルギー E は、

$$\frac{1}{2} mv^2 = mc^2 \qquad \cdots\cdots⑰' 式$$

よって、

$$E = mc^2$$

と、アインシュタインが考えた式と同じとなります。

また、⑯式より v_2 を二乗すれば、

$$v_2{}^2 = 2c^2 \qquad \cdots\cdots⑱式$$

で、このことから、絶対速度は v^2 と考えられ、⑱式から絶対速度は $2c^2$ になります。

和夫

アインシュタインは、絶対速度は$2c^2$と考えていたということでしょうか。

小田

そうだね。今となっては、憶測にすぎませんが、「絶対速度は光の速度の二乗の２倍」と考えていたと思います。

ただ、光より速い速度はないとして成り立っていた物理学を根底からひっくり返すことになり、そういう時代ではなかった、ということだと思います。

他に質問等ありますか？

それでは今日の講義は終えますが、次回は「まとめの講義」です。これまでを振り返って、質問等があれば言って下さい。

12. まとめの講義

みなさん、おはようございます。

今日は、まとめの講義として、いろいろな質問を受けたいと思います。

それでは、どうぞ。

中川

今まで、光の速度がこの世で一番速いと言われていました。なのに、光の速度の二乗の２倍が絶対速度と言われても、社会がついてこれないかと思いますが、いかがでしょうか。

小田

確かにそれはあるかもしれません。が、「物には人の歴史がある」という大切な心で過去を尊敬し、そして、過去の過ちは過ちとして参考にし、前へ進む。そのことが未来を進化させることに繋がると私は考えます。

遠藤

「宇宙は膨張している」と言われていますけど、どうなのでしょうか？

小田

時間の式からは、なんとも言えませんが、月と地球、地球と太陽、星と星などの関係を観測することにより、「宇宙は膨張している」と言われています。

大島

絶対速度が光の速度の二乗の２倍と考えれば、遠くへの宇宙旅行が可能になりますが、「宇宙地図」が必要になると思いますけど……。

小田

そのとおり。「宇宙地図」は必要ですね。ただ、宇宙全体は運動している立体であることから、平面では表すことはできません。よって立体CGで表すことになりますね。

また、宇宙に旅立った場合、自分の宇宙船の位置の把握、地球に帰るためには太陽の位置等を常に把握しておく必要があります。

したがって、大変な作業ですけど、観測により地道にコツコツと作成する必要があります。

西本

いわゆる、ワープって可能ですか？

小田

光の速度の２倍をワープ２、３倍をワープ３……としているようですが、いずれも光の速度の二乗の２倍より遅いですよ。

また、人工衛星から地球に向かって発する電波の速度は光の速度を超えていると考えていることからも、いわゆるワープは可能と考えます。

西岡

准教授、「『宇宙』とは？」と聞かれたら、何と答えられますか？

小田

自己紹介の時は俳句で答えたのですが、まとめとして、時間とか命も交えて答えます。

時間は無限にあると考えられますが、生物の命、大きく言えば星も含めた銀河の命、宇宙の命は有限である、と考えています。

そして、我々地球上の生命は宇宙の命と比較すれば、微々たる時間です。

そのため、生物は代々伝えることにより時間を有効に使い、進化し歴史を作っています。

すなわち、時間には限界が無く、未来へと進んでいるのです。

つまり、地球を含んだ宇宙は無限の時間により、進化していると、私は考えています。

和夫

$mgh = \frac{1}{2}mv^2$（エネルギー保存の法則）はどうやって導き出したのですか。

小田

私が学生の頃に学校で学びました。そして、たまたま記憶していました。

そのエネルギー保存の法則についてですが、振り子を頭に思い浮かべて下さい（振り子のイメージが浮かばない方は、ブランコを頭に浮かべて下さい）。

振り子（ブランコ）が作動している時、一番高い位置にある時はmgh（位置エネルギー）＋0（運動エネルギー）という式で表され、一番下の位置にあるときは0（位置エネルギー）＋$\frac{1}{2}mv^2$（運動エネルギー）です。

なぜ位置エネルギーがmgh、運動エネルギーが$\frac{1}{2}mv^2$になるのかは、教わったと思いますので、ここでは省略します。

そして、この位置エネルギーと運動エネルギーは等しいことから（エネルギー保存の法則）次式が成り立つのです。

つまり、

$$mgh = \frac{1}{2}mv^2$$

となります。

他に無いですか？

無いようですので、次回は歴史について、少し考えたいと思います。

13. チョッと休憩time (3)

小鳳

女性同士の話なんですけど、いいですか？　大島さん、西本さん。

西本

いいですけど、何の話？

大島

恋の話？

小鳳

その、恋の話なんですけど、まずは今日の「まとめの講義」なんですけど、准教授、「すごく頭いいなぁ」って感心しちゃって、私、頭イイ男性が好きなんです。

で、西岡さんも頭イイから好きになってきたのに、気がついたら、准教授がメチャ好きになっていたのに気がついたの。

大島

私は、和夫さんと付き合ってるけど、二人でブラッとどこかに行ってみたり、話し合ったりしてるけど、准教授とそんなふうに付き合えます？

小鳳

だから、そんなふうに付き合えないから、相談をしてるんだけど……。

西本

准教授、結婚もしてるし、大きな子供さんもいますよ。

いわゆる、不倫というのでは？

小鳳

准教授を遠くから見守るしかないのですね。

大島

西岡さんがいるじゃない。きっとイイカップルになりますよ。

西本

手が届かない人より、手が届く人を選ばないと、一生彼氏無しですよ。

小鳳

西本さんは誰か好きな人いるのですか？

西本

気になる人はいるのですけど、告白する勇気がなくて……。

小鳳

そうなんですか～。私も告白する勇気がないですね～。

この思い、どうしたらいいですかね。

大島

准教授に対する思いですけど、その思いを抱いてジッと辛抱ですかね。そうすると、そのうち時間が解決してくれますよ。

小鳳

ありがとう (^^)

ところで、今度の准教授の講義、歴史の話みたいですけど、過去はあまり気にしていないような感じがするんですけど、気のせいですかねぇ？

大島

そうですね、歴史だけで、数え切れないほどの本が出てますし、次回の講義だけで歴史を語るって、信じられませんね。

西本

准教授の講義には、毎回驚かされますが、次回もきっと驚かしてくれるのでは。

《そうして、女性同士での話は終わり、次回の講義にもワクワクしているのだった》

14. 歴物然自（れきぶつぜんじ）

みなさん、こんにちは。

え〜、今までは主に未来について講義してきましたが、現在は過去により成り立っています。

今日は、過去のことについて、少し考えてみたいと思います。

万物は時の流れによって存在しており、当然過去へ戻るタイムマシンはできません。つまり、過去を変えることはできません。

話は変わりますが、「歴物然自」という四字熟語を知っていますか？

みんな「しらな〜〜〜い」

知らないのも無理はありません。なぜなら、私が作った四字熟語だからですよ（笑）

みんな「ずる〜〜〜い」

さて、その「歴物然自」の意味ですが、まず、「歴」。

歴史の「歴」、現在において全てには歴史があります。つまり、過去があるのです。

「未来」は時の流れにより過ぎ去り「過去」となり、過去を振り返り反省することは出来ても、変えることは出来ません。
また、「今」は瞬時に過ぎ去り、過去となっていきます。
「今」という時間を大切にしたいですね。

次に「物」。
物には人の歴史があります。
目の前にある物等、すべての物が人の試行錯誤により、できているのです。
現在、世界中、物でいっぱいあふれています。
そして、その物がいらなくなれば、どんどん捨てられています。
物は大切にし、捨てる時もありますが、「作った人に、ありがとう」の気持ちで古い物とお別れしたいですね（つい、考えなしに捨てている私は、未だにその境地には至っていませんが……)。

次に「然」。
自然の「然」。
自然には、地球の歴史があります。
山、川、海等々数え切れない美しい自然が地球にはあります。
地球で生活をしている私たちは、自然を壊さないよう地球環境を大切に、つまり環境にやさしくし、自然を守っていきたいですね。

最後に「自」。

自分の「自」。

自分にも、そしてみなさんにも歴史があります。

私のこと、自分のことを言うなら「白髪には、自分の歴史がある」ということですかね。

私たちは、年齢を重ね歩んできた道、振り返ることは出来ても、後戻りはできません。

この「歴物然自」。時の流れ。未来は現在から過去へと流れていきます。

何度も言いますが、タイムマシンはできません。過去を変えるのは不可能です。

したがって、「諸先輩方を尊敬し、過去を踏まえて、明るい未来を作っていけたらいいなぁ」と思います。

そして、心身共に健康には十分注意して、一歩一歩、「歴物然自」の気持ちで一緒に未来を創っていきましょう。

さて、いよいよ次回は最後の講義となります。最後に1つだけですが、みなさん、共通の質問事項を考えておいて下さい。

15. チョッと休憩time (4)

《歴物然自の講義が終わって、学生たちの帰り道である》

和夫

次回は最後の授業かぁ。

西本

次回で講義が終わるとしたら、チョッピリ寂しいですね。

中川

「質問事項を１つだけ考えといて」と言われてもなぁ。

大島

パッとは出ないですね。明日考えましょ。

西岡

最後の授業まで、しばらくあるから、それまでには考えるとして……准教授は「未来」をどう考えているんだろう。

遠藤

そういう西岡は「未来」をどう考えてる？

西岡

「未来」かぁ〜。これから開発が進むってことを自己紹介の時に言ったけど、その自己紹介の時、小鳳は現実的なことを言ってたけど、今も「宇宙」についての考え方変わっていない？

小鳳

ん〜とぉ、変わりましたね。

宇宙へ私でも行けるならイッパイすてきな宇宙を旅行したいですね。

話は変わりますが、西本さんは可愛らしいのに彼氏はいないんですか？

西本

いきなりですね。え〜〜と、彼氏はいませんが、気になっている方はいますよ。

小鳳

え〜誰？　誰？　知りたいです。

西本

ん〜〜と、ヒミツです。

西岡

ひょっとして、俺？

西本

違いますよ（図星だったけど、思わず「違います」と言ってしまった）。

西岡

良かった。良かった。俺は小鳳が好きなんで、西本が俺を好きだなんて言われれば、困っていたよ。

小鳳

私、はっきり言って、困ります。西岡さんはイケメンでユーモアあるし、頭もいいし……でも、私は小田准教授が好きになってしまったんです。すみません。

西岡

エ～～！　准教授は結婚しているし、子供もいるよ。なのに好き？

小鳳

はい。

西岡

そっか～。でも、今は負けているけど、近い将来には絶対勝つから～。

小鳳

楽しみにしてますネ。

遠藤

ところで、西本さん、俺のこと、どう思ってます？

中川

遠藤、俺が聞きたいことなんだけど、ヒョットして遠藤も西本さんが好き？

遠藤

そうだよ。中川も西本さんが好きなんだ。って、ライバルか～。ま、お互い頑張ろ。

中川

おぅ！　って、ところで、西本さんは誰が好き？

西本

今は、内緒ですよぉ～。

《学生たちは恋のことで語り合った。さて、学生たちの恋はこれから先、一体どうなるのでしょうか？　……じゃなくて、小田准教授の相対性理論等の講義の締めはどうなるのでしょうか》

16. 家族との会話 (3)

小田

おはよう。

いよいよ次が最後の授業になったよ。長年、いろいろあったけど、ここまで来れたのも、かあさんのおかげ、ありがとうね。

妻

お疲れさんですね。

小田

ところでさぁ〜、この世に「絶対」ってあると思う？

妻

「絶対」ね〜、「絶対」っていうことは「絶対無い」と思う。

小田

「絶対無い」って、絶対って言葉使ってるし……。

息子

「絶対零度」ってのがあるけど、どう？

小田

なるほど。ということは、「絶対」ということは、「場合によっては、絶対ということがありえる」ってことか。

妻

ところで、急にどうしたの？ 「絶対」ってどう思うって？

小田

絶対速度ってあるか？　ないか？　ってこと。どう思う？

息子

光の速度が絶対速度って言われているよ。

小田

そだね〜。かあさんはどう思う？

妻

私には、難しすぎて分かりません。

小田

そっか〜、とうさんは、絶対速度は光の速度の二乗の２倍が絶対速度と考えたよ。

息子

根拠はあるん？

小田

アインシュタインが考えたと思われる式と、とうさんが考えた式、

$$v^2 = 2c^2$$

そこから絶対速度は光の速度の二乗の２倍と考えたんだよ。

でも、この式は考えただけで、実証されてないから、本当に合ってるかどうかは、次世代への宿題ってことかなぁ。

息子

本当は絶対速度って無いんじゃない？

小田

かもしれない、でも「絶対速度が光の速度ではない」というのは確かと考えてる。

妻

あのぉ〜、難しすぎてよく分からないんですけど、要するに宇宙旅行が「絶対」に可能になるってこと？

小田

その前に、近い将来、自動車の自動運転も「絶対」に可能になるってことさ。

妻

絶対って本当に？

小田

自動運転ができれば、アクセルとブレーキの踏み間違い、居眠り運転とか脇見運転とか、人的なミスにより尊い命を亡くしている交通事故が激減されるし、田舎とかに住んでいるじいちゃんばあちゃんとか体の不自由の方などには、いい足になると思うし、とにかく、是非あきらめず普及に向けて努力してもらいたいね。自分はそう思うよ。

妻

ま〜、未来は明るくいかなくっちゃ〜ネ (^^)

小田

さてと、結論が出たようなので、明日の最後の授業のために寝るとすっか。オヤスミ (-_-)zzz

17. 最後の授業

小田

みなさん、おはようございます。

いよいよ今日が最後の講義となりました。

私は重力が影響する時間と質量との関係について、次式を考えました。

$$t_1 = \frac{\ell}{v} \cdot \sqrt{2}$$ ……⑦式

$$t_2 = \frac{\ell}{v} \cdot \frac{1}{\sqrt{2}}$$ ……⑧式

この式により、自動車の自動運転等も飛躍的に進歩すると考えますが、地表では山有り谷有りですし、人工衛星までの距離（人工衛星は常に天頂に位置していません）等も考慮し、正確な値を自動車に伝えないと、事故に結びつく可能性があります。

したがって、実証実験を繰り返し、経験することが重要と考えます。

また、これらの式が、進化する未来において、有効に使われることを望みます。

それでは、最後に１つだけ、みんなで決めた質問が有ると思います。その前にみんなに私から１つ質問をします。

「時間は質量を持つか、持たないか」これは、どう思いますか？

$$t_1 = \frac{\ell}{v} \cdot \sqrt{2} \qquad \cdots\cdots ⑦式$$

$$t_2 = \frac{\ell}{v} \cdot \frac{1}{\sqrt{2}} \qquad \cdots\cdots ⑧式$$

西岡

⑦式、⑧式が示すとおり、m という値がないので、「時間は質量を持たない」が正解だと思います。

小鳳

$\sqrt{2}$ は重力によって、$\frac{1}{\sqrt{2}}$ になったりするでしょ。だから重力に影響されるってことは、「時間は質量を持っている」ということになると思います。

西本

小鳳さんの言うとおりで、質量が影響して $\sqrt{2}$ と $\frac{1}{\sqrt{2}}$ が存在するのだから「時間は質量を持っている」ということになると思います。

和夫

俺は、西岡派。時間が質量を持っていたら動くたびに痛くて

仕方がない (笑)

中川

空気って、質量無いのか？　ちゃんと質量はあるじゃん。それなのに触っても痛くないし……。

大島

私は、時間に質量は無いと思いますね。仮に質量が有れば、温度があったり、膨張したりして、それから動かすことが可能ではないでしょうか。ですから私は「時間は質量を持っていない」と考えます。

遠藤

自分は、式に質量の項が存在しない以上、「時間は質量を持たない」とするのが正解かと思います。

小田

やっぱり、意見は分かれたね。私の考えだが、式を見る限り質量の項が存在しないことから、次式を考えてみた。

$$t_1 = \frac{\ell}{v}\sqrt{\frac{2m}{m}}$$ ……⑦式改

$$t_2 = \frac{\ell}{v}\sqrt{\frac{m}{2m}}$$ ……⑧式改

そして、時間は質量を有するか有しないかの結論、それから絶対速度は光の速度の二乗の２倍の証明等は、未来に任せてみたいと思います。

西岡

ところで、重力加速度はどのような式になると考えられますか。

小田

そうそう、t_2の時間の式を活用し、次の式を考えました（ブラックホールにおける重力加速度〈特定重力加速度〉）。

$$g_0 = \frac{\ell}{{t_2}^2} = \frac{\ell}{\left|\frac{\ell}{c} \cdot \frac{1}{\sqrt{2}}\right|^2} = \frac{2c^2}{\ell} \qquad \cdots\cdots⑲式$$

$v^2 = 2c^2$から⑲式のg_0をgとし、一般重力加速度というのを考えてみました。

$$g = \frac{v^2}{\ell} \qquad \cdots\cdots⑳式$$

これらの式は、重力により物質が引っ張られていく加速度（重力加速度）について考えてみました。

g　：一般重力加速度
g_0　：特定重力加速度（ブラックホールによる）
ℓ　：重力を受ける物質から質点までの距離
v　：重力を受けている物質が自然落下した場合、質点での速度

c ：光の速度

この⑲式、及び⑳式が間違っていないかを考えて下さい。

つまり、次に示す疑問の解明を未来において、お願いしたいと思います。

1．絶対速度についての証明又は訂正と時間の式の検証
2．時間は質量を有するか、有しないかの結論
3．重力加速度についての考察と証明

小田

さて、最後の講義ということなので、今までに至った数式について、復習して考えてみたいと思います。

1．エネルギー保存の法則（$m_1 \neq m_2$と仮定）と絶対速度

$$m_1 g \ell = \frac{1}{2} m_2 v^2$$

$E = mc^2$から絶対速度はc^2と仮定

2．太陽から地球に向かう時間をt_1とt_3、地球から太陽に向かう時間をt_2とt_4（$m_1 \neq m_2$）と仮定

$$t_1 = \frac{\ell}{v}\sqrt{\frac{2m_1}{m_2}}\ ,\qquad t_2 = \frac{\ell}{v}\sqrt{\frac{m_2}{2m_1}}$$

$$t_3 = \frac{\ell}{v}\sqrt{\frac{2m_2}{m_1}}\ ,\qquad t_4 = \frac{\ell}{v}\sqrt{\frac{m_1}{2m_2}}$$

3．実際に計算と考察をしてみると、間違いと分かる。したがって仮定した $m_1 \neq m_2$ ではなく $m_1 = m_2$ であることが分かった。

よって、質量大から質量小へ行く時間 t_1 と質量小から質量大へ行く時間 t_2 は次式で表すことができる。

$$t_1 = \frac{\ell}{v} \cdot \sqrt{2} \quad , \qquad t_2 = \frac{\ell}{v} \cdot \frac{1}{\sqrt{2}}$$

《参考として》

$$t_1 = \frac{\ell}{v} \sqrt{\frac{2m}{m}} \quad , \qquad t_2 = \frac{\ell}{v} \sqrt{\frac{m}{2m}}$$

4．質量大から質量小へ行く速度 v_1、質量小から質量大へ行く速度 v_2 は次式となる。

$$v_1 = \frac{\ell}{t_1} = \frac{\ell}{\frac{\ell}{v} \cdot \sqrt{2}} = \frac{v}{\sqrt{2}}$$

$$v_2 = \frac{\ell}{t_2} = \frac{\ell}{\frac{\ell}{v} \cdot \frac{1}{\sqrt{2}}} = v\sqrt{2}$$

（地球と太陽で考察してみると、光が地球から太陽に向かう速度は太陽から地球に向かう速度より速く、光速を超えている）

5．エネルギーについて（$v=c$）考察

$$v_1=\frac{c}{\sqrt{2}} \quad , \qquad v_2=c\sqrt{2}$$

速度の速い v_2 で考察

$$v_2{}^2=2c^2$$

【絶対速度は $2c^2$ と考えられる】

$$\frac{1}{2}v_2{}^2=c^2$$

両辺に m を掛けると、

$$\frac{1}{2}mv_2{}^2=mc^2$$

よって、

$$E=mc^2$$

6．重力加速度についての考察

$$g_0=\frac{\ell}{t_2{}^2}=\frac{2c^2}{\ell} \quad , \qquad g=\frac{v^2}{\ell}$$

西岡

これらの式は、どのように活用されますか。

小田

「今、光速を超えた宇宙船での宇宙開発について、やっとスタートラインに立った」ということです。

どのくらいの未来かは現時点では分かりませんが、宇宙開発をする上で、これらの式は非常に役に立つと思います。

それでは、結論が出たようで、出なかったわけですが、次に、みなさんに「１つだけ共通の質問事項を考えておいて下さい」と言ってあります。それではお願いします。

《代表として、くじ引きで決まった「中川」が聞くことに決まっていた》

中川

それでは１つだけお聞きします。

過去は変えられないとして、未来はどうお考えですか。

小田

もうすぐ、2020年の東京オリンピック・パラリンピックが始まります。

それまでに、自動車の自動運転がほんの一部だろうと思いますが、出来るようになると思います。

また、販売店から自動運転自動車が販売されるのもそんなに遠い未来ではないでしょう。

そうなれば、山間部に住まわれているお年寄りの方、体の不自由な方などは、大変重宝すると思いますよ。

また、現在においては、やっとハイブリッド自動車、電気自動車、燃料電池自動車等エコカーが販売され、町中ではよく見かけるようになりました。

その普及は20年ほどかかって現在に至っていますが、自動運転自動車については技術の進歩により、それほど遠くない未来に、自動運転レベル５の自動車が普及され、みなさんの努力により、交通事故死の無い世界、究極には交通事故の無い世界が実現すると思います。

さて、宇宙開発についてですが、私は、人間全てが、ロマンチストと思っています。

だから、宇宙開発も急速に進むと思っています。

それは、絶対速度を光の速度の二乗の２倍とすれば、「１万光年離れている星へも約１年で往復できる」と考えられるからです。

最後に、未来において自動車の自動運転、宇宙開発等を目標に掲げ、未来の…未来の世界が元気で仲良く健全な競争をし、発展することを望んでいます。

というような未来像で、いいかな？

中川

はい。ありがとうございました。

私たちの未来の参考にさせていただきます。

【これにて小田准教授による講義は終わりとします。そして、最後に一言。「絶対速度は光の速度ではありません！」そして、ここまで付き合っていただき、ありがとうございました……って、これで終わりではありません。もうﾁｮｯﾄだけ続きます】

18. 未来に向けて

西岡

最後の講義も終わったね。

俺たちはこれから先、社会人として旅立つんだけど、小田准教授の教えは自分たちの未来において、すごく参考になるな～。

中川

そうだね。未来は一人だけでは創れないけど、世界中の人が同じ目標を持てれば、すばらしい未来が創れそうな気がするよ。

小鳳

ところで、小田准教授が未来に託した３つの疑問ですが、みなさんはどう考えます～？

西本

まず、１点目、「絶対速度についての証明又は訂正」ですが、実際に宇宙船を造って実証実験しないと証明等は無理だと考えますね。また「時間の式の検証」については近い将来人工衛星で確認できると思いますね。みなさんは、どう考えますか。

みんな

　そのとおりだと思いますね。理論だけでは間違っている可能性がありますからね。

和夫

　それでは、２点目、「時間は質量を有するか、有しないかの結論」ですが、「時間は質量を有しない」ということでいいですか？

遠藤

　仮に「時間は質量を有する」とすれば、タイムマシンを造ることが可能になります。が、タイムマシンを造って過去へ行けば、現在を変えることになり、過去への時間旅行は不可能と考えることが出来ますね。

大島

　では、「時間は質量を有しない！」という結論でいいと考えますね。

　しかし、一般相対性理論において、「重力により空間は曲がる」という説は間違いでないと考えることから、これから後に、時間と質量の関係について、間違った考えをするおそれを無くするためにも「時間は質量を有しない!!」と強く断言した方がいいですね。

みんな

後で、小田准教授にそのことを伝えに行きましょう。

中川

最後に３点目、「重力加速度についての考察と証明」についてだけど、自分はもう一つピンとこないんだ。それは、ニュートンが唱えた「万有引力の法則」についてだけど。

その意味は分かるけど、「万有引力定数」というのをどうやって導き出したのか等が自分には分からないからな。

西岡

そうだなぁ。

将来、宇宙開発が可能になって、他の星へ行くようになった場合、重力加速度の式は必要になると思うけど、ニュートンが唱えた「万有引力の法則」は一般相対性理論により、再考する必要があると考えるよ。

遠藤

３点目は、これからの課題ということで。

みんな

それじゃ〜、小田准教授の所へ花束持ってレッツ・ゴー。

《そして、みんなは小田准教授を訪ねた》

西岡

小田准教授、「時間と質量の関係」ですが、我々で考えたんですけど、「時間は質量を有しない!!」という結論になりました。

小田

そっか、そっか。イイ結論だね。

遠藤

それでは、最後に今まで私たちに講義をして下さった小田准教授に感謝の意をこめて、花束を贈りたいと思います。

青野教授、お願いします。

小田

え～、まじにサプライズだなぁ、みなさん、ありがとう。

青野

今までご苦労様でした。

そして、未来は永遠にあります。その未来においても頑張って下さい。

長年、ありがとうございました。

《と言って、花束を贈った》

小田

みんな、ありがとう。ありがとう。

君たちからもたくさんの刺激を受けた毎日でした。

そして、未来の…未来のために、ともに頑張りましょう (^^)v

【それでは、小田准教授の講義はこれにて終了します。お疲れ様でした。そして、ありがとうございました】

おわりに

この本を作成するに当たり、$E=mc^2$から、絶対速度はc^2を大前提として考えていきました。

時間の式（⑦式、⑧式）ですが、私はエネルギー保存の法則の式の中でgという項があり、そのgは時間tを含むことから「すぐに$t=$の式で表すことが出来るなぁ」と考えつつも（甘い考えでした）仕事に没頭していて、その考えを進めることはできませんでした。「相対性理論での式（時間$t=$の式等）は定年後ゆっくり考えればいい」と思っていたのです。

そんな中、人間ドックにおいて、肝臓ガンの疑いがある旨の診断を受け、精密検査を受けた結果、肝臓ガン（大きさ約５cm）があると分かりました。

当然手術（2016年４月）し、現在に至っていますが、死ということが頭をよぎったのは事実です。それゆえ、私の考えを世に残すために定年後にゆっくり考えるのではなく、早めに本を書き残そうと決心したのです。

そうして、質量大（例：太陽）から質量小（例：地球）へ行く時間や質量小から質量大へ行く時間の式等を考え、質量小から質量大へ向かう場合には、光の速度を超えるということが分かりました。

それから、定年（2018年３月）を迎え、この本を書くことに集中して取り組むことができ、現在に至っています。

話は変わりますが、自動車行政を職とした国家公務員であった私ですが、「行政とは何ぞや？」と聞かれれば、「本来のあるべき方向に誘導すること（先輩からの教えにもよる）」と答えることができます。

この考えは、分かっていても実行と評価が非常に難しいことです。

そんな天職を幾度となく辞めようかと思いましたが、家族と職員の理解、助けにより定年まで職を全うすることができたこと、本当にありがとうございました。

中でも妻は小さい体でも私の力になり良きパートナーでありました。

妻には、いくら感謝しても足らない気がします。

そして、「これからもよろしく」ということです。

さて、未来のことですが、私は、未来への道筋を、「一筋ですが、大きな道筋を開けることができた」と思っています。

そして夢のある未来をこれからも一歩ずつ、みなさんと一緒に歩み、歴史を作っていきたいなぁと思っています。

また、これから自動車関連の職に就こうかなと考えている方、進路を迷っている方等々、自動車の未来には自動運転が待っています。

そして、自動車にはたくさんの消耗品も使用されています。自動車整備技術では、オイル交換、部品交換の整備でも経験と技術が必要です。

また、3K と言われていた職場環境も IT 化等が進み、変わってきています。

自動車の技術職（行政含む）の就職についても、ご一考をお願いします。

それから、諸先輩の方々には大変失礼なことを書いてきたような気もしますが、これからもご指導の程よろしくお願いします。

最後に、この本を、世界共通の夢と世界平和の一助とし、未来の…未来のあなたのために有効に活用していただければ幸甚です。

ご愛読ありがとうございました。

小田　喜代重（おだ　きよしげ）

1957（昭和32）年11月15日	徳島県徳島市で生まれる
1973（昭和48）年４月	国立阿南工業高等専門学校電気工学科に入学
1978（昭和53）年３月	同校を卒業
同　年10月	国土交通省四国運輸局香川運輸支局（当時は運輸省高松陸運局香川県陸運事務所）に技官として採用される
2015（平成27）年４月	四国運輸局徳島運輸支局検査・整備・保安部門首席陸運技術専門官（兼上席自動車検査官）となる
2018（平成30）年３月	60歳の定年により退職

未来の…

絶対速度はc^2!?　時間と質量の関係は？

2018年10月４日　初版第１刷発行

著　者　小田喜代重
発行者　中 田 典 昭
発行所　東京図書出版
発売元　株式会社 リフレ出版
〒113-0021　東京都文京区本駒込 3-10-4
電話 (03)3823-9171　FAX 0120-41-8080
印　刷　株式会社 ブレイン

ISBN978-4-86641-162-0 C0042
Printed in Japan 2018

ご意見、ご感想をお寄せ下さい。

［宛先］〒113-0021　東京都文京区本駒込 3-10-4
東京図書出版